U0045831

圖解中國史

—通訊的故事—

米萊童書　著／繪

身邊的生活，折射文明的多樣旅程

小讀者們，如果你的面前有一個神奇的月光寶盒，可以帶你去歷史中的任何一個地點，你最想去哪裡呢？

中國有五千年的悠久歷史，在這歷史長河中，有太多的故事、英雄、創舉、科技值得我們回望與讚嘆。可是當月光寶盒發揮魔力的那個瞬間，你又如何決定自己究竟要去何時何地呢？

細心的孩子一定不會錯過歷史長河中與生活息息相關的精彩片段。沒錯，我們生活中的各種事物是連接過去與現在的媒介，它們看似再平凡不過，卻是我們感知外部世界的途徑。因為熟悉，當我們追根溯源時，才更能感受到時代變遷帶給我們每一個人的影響。

這一次，作者團隊邀請歷史學家、畫家們一起嘗試，打造身臨其境的場景，帶領我們走進歷史！作者團隊查閱了大量史學專著、出土文物、歷史圖片，以歷史為線索，同時照顧到了大家的閱讀興趣，在每一冊每一章，以我們身邊最常見的事物為切入點，透過大量歷史背景知識，講述文明發展的歷程。當然，知識只是歷史中的一個點，從點入手，作者團隊幫助我們延伸出更廣的面，用故事、情景、圖解、注釋的方式重新梳理了一遍，給大家呈現一個清晰的中國正史概念。

書中的千餘個知識點，就像在畫卷中修建起了一座歷史博物館，有趣的線索就像博物館的一扇扇門，小讀者們善於提問的好奇心是打開它們的鑰匙，每翻一頁，都如同身臨其境。大家再也不必死記硬背，只需要進行一次閱讀的歷程，就可以按下月光寶盒的開關，穿越到過去的任何時間和地點，親身體驗古人的生活。我們藉由這種方式見證文明的變遷，這是一場多麼酷的旅行啊！

一個時代的登場，總是伴隨著另一個時代的黯然離去，然而看似渺小的身邊事物，卻可能閱歷千年。生活記錄著歷史一路走來的痕跡，更折射著文明的脈絡。在歷史這個華麗的舞臺上，生活是演員，是故事的書寫者，也是默默無聞的幕後英雄，令我們心生敬畏，也令我們心存謙卑。

我榮幸地向小讀者們推薦這套大型歷史科普讀物《圖解少年中國史》，讓我們從中國史的巨大框架出發，透過身邊的事物、嚴謹的考據、寫實的繪畫、細膩生動的語言，復盤遙遠的時代，還原真實的場景，了解中國歷史的發展與變遷。

現在，寶盒即將開啟，小讀者們，你們做好準備了嗎？

聯合國教科文組織
國際自然與文化遺產空間技術中心常務副主任、祕書長
洪天華

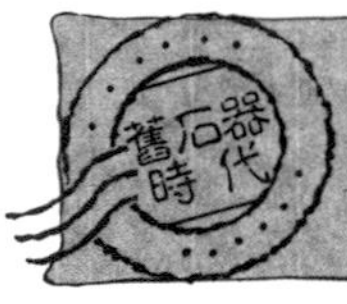

大自然傳來的消息

很久以前，原始人類生活在非常惡劣和危險的環境中，他們時刻面臨著猛獸和自然災害的威脅。為了生存下去，人類學會了透過自然界的各種現象和徵兆來了解大自然發出的信息，從而躲避猛獸和自然災害的侵襲。

當天空中烏雲密布、電閃雷鳴時，這是告訴人類暴雨即將來襲，如果不跑回山洞，那麼你將會被淋成落湯雞，甚至可能會被山洪沖走。

當山間有猛獸吼叫時，這是告訴人類不要繼續前進了，如果不趕緊採取相應的舉措，那麼你很可能會成為猛獸的美餐。

當大雁南飛、候鳥遷徙，這就是告訴人類，快去準備皮毛，尋找禦寒的山洞吧。因為冬天即將來臨，如果沒有保暖的皮毛和躲避寒冬的山洞，那麼你很可能會被凍成「冰雕」。

日積月累，人類掌握了越來越多的來自大自然的信息，因此，人類躲過了很多自然災害。另外，人類還學會了分辨獵物留下的信息。當人類發現獵物的腳印或糞便時，就會循著這些蹤跡一路追蹤，最終捕獲獵物，獲得食物。

原始人類除了從大自然中獲取天氣變化、季節更替等信息外，人與人之間又是怎樣交流信息的呢？

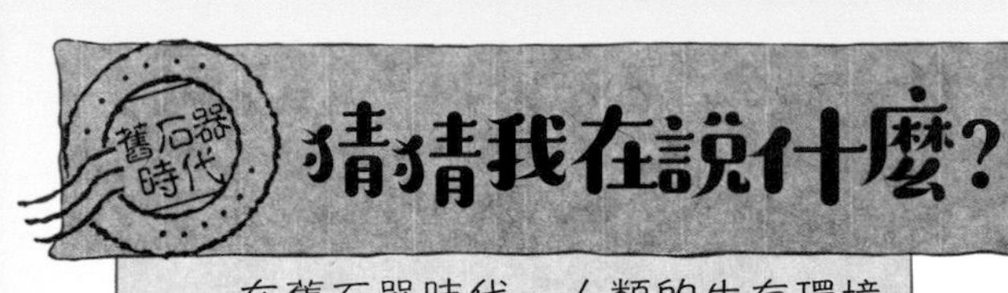

在舊石器時代，人類的生存環境處處存在著危險，一個人很難獨自生存。因此，人們都是成群結隊，一起勞動，一起分享食物，過群居生活。而人們生活在一起，相互之間就需要溝通和交流。在狩獵時，在生活中傳授技能和經驗時等，都需要將信息準確地傳遞給同伴。

傳說最早的交流方式

學者認為，人類最早是透過各種手勢和模擬動物的叫聲來傳遞信息的。比如他們傳授生活技能時，會手把手地演示；當他們發現野牛時，會發出「哞」的聲音，或用肢體和手勢模擬出牛的樣子……

看圖，猜猜他們交流成功了嗎？

看圖，想一想原始人是怎麼傳授技能的呢？

當然，原始人也會用表情來傳遞信息，如用吐舌頭的表情來表達危險等。隨著人類發音器官的不斷進化，慢慢產生了分節語言，從此，語言成為人類信息交流的主要方式。

遠古人的「日記」

新石器時代，我們的祖先為了記錄事件、傳遞信息，發明了結繩記事和刻木記事。

比如，當部族打了勝仗，趕走侵略者之後，人們就用粗大的繩子打各種結扣，用來記錄這次的勝利，並將這條記錄事件的繩子代代相傳。而如果只是記錄日常捕獲獵物的數量，人們就會用小繩來結扣。

這是文字嗎？

我們的祖先還會在陶器上刻畫類似文字的符號以傳達信息或表明身分。考古工作者曾在西安半坡遺址和臨潼姜寨遺址發現了很多陶器和陶片，在這些6000多年前的陶片上，刻畫著許多奇怪的符號。

有學者認為，這可能是當時人們用來記事和傳遞信息的符號，也有人認為這些可能是人類最早的文字。

陶器上的符號

木條上的信

在20世紀50年代，有傈（ㄌㄧˋ）僳（ㄙㄨˋ）族人用木條刻寫了一封信。在木條上，左邊長短不一的三條分隔號表示大、中、小三件禮物；右邊三條分隔號表示三個人；「×」是見面的符號；「○」表示圓圓的月亮。所以，下面這封信的內容是：我們在月圓時見面，送上大中小三件特產，給大中小三位領導。

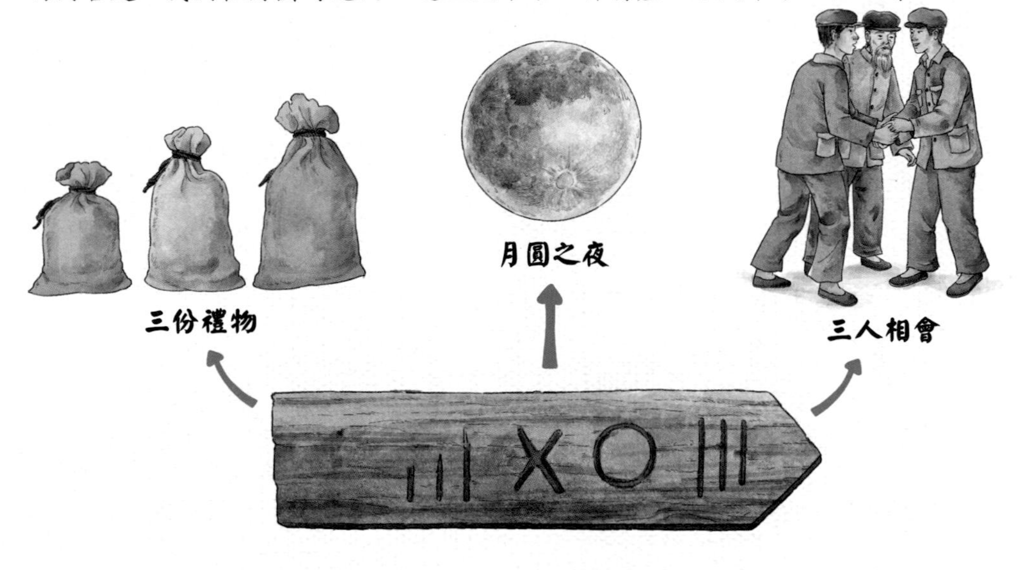

刻木記事

刻木，就是在木頭、竹子等上面刻出不同刻口、形狀的圖紋，用來記錄不同的事件或傳遞不同的信息。在中華人民共和國成立前後，中國西南地區的獨龍族、佤（ㄨㄚˇ）族、傈僳族還在使用「刻木傳信」這種古老的方式。

新石器時代　上古時期的「記事本」

堯、舜是中國上古時期的部落聯盟首領，他們在管理部落時發明了新的通信方式。

堯在位時，為了聽取族人的意見，在重要的路口立起一根木柱，並在柱頭插了一塊牌子，讓人們將意見和建議記在牌子上，這就是史書中記載的「誹謗之木」。「誹謗」一詞在今天是個貶義詞，但在當時卻是進諫的意思。堯命人設立誹謗之木是為了廣開言路。

誹謗之木

誹謗之木立於路口，既可以作為留言板，又可以作為路標起到指路的作用。後來這種進諫制度被延續下去，不過，木柱逐漸被石柱所替代，柱身也被刻上花紋。這種石柱就是今天的華表，在古代也稱「桓表」。

設置諫鼓

堯認為一種進諫方式並不夠，於是又設置了「諫鼓」。需要提意見時，也可透過敲擊諫鼓來傳達。堯聽到鼓聲後，就會親自接待擊鼓之人。

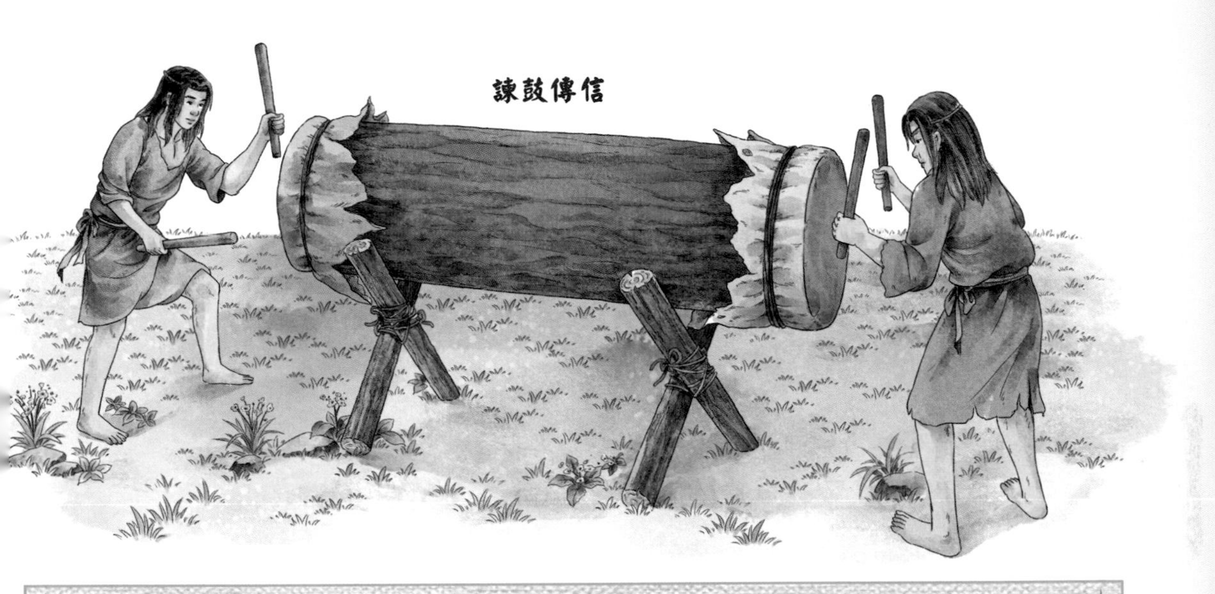

諫鼓傳信

舜的舉措

堯是位英明的首領，他退位時並沒有把首領之位傳給他的兒子，而是禪位於精明能幹的舜。舜成為部落首領後，不僅保留了誹謗之木和諫鼓，還設置了一個叫「納言」的官職，納言是喉舌之官。他們的工作就是每日向人們傳達首領的命令，並聽取人們的意見，誠實地轉達給首領。

看圖，了解一下當時的人是怎麼進言的吧！

傳達大王的命令

夏朝時，國君為了方便下達命令，設置了遒人（宣令官）。當需要宣布國家和國君的政令時，遒人就會來到各個交通要道和路口，手裡提著一個大大的銅鈴，發出「噹噹」的聲音，提醒過路行人，他要宣布重要命令了。

商朝的信使

到了商朝，交通和通信方面完善了許多，國家各個部門都設置了信使。國君為了能更快捷地傳遞他的命令，就在身邊安排了許多專門傳達王命的信使。這些信使平時緊緊跟隨國君，隨時隨地為國君傳遞信息，下達國君的命令。

國君身邊的信使

商朝的通信兵

商朝的軍隊中也有專門的通信兵，他們負責為國家傳遞邊疆的軍事情報。每當邊境發生軍情，通信兵就會將信息火速送到都城。

獨輈（ㄓㄡ）馬車

通信道路上的羈

商朝已經有很多種車了，如牛車、馬車及人力挽車等。所以，可能當時的信使已經不是步行，而是趕著馬車傳遞信息了。除此之外，國家在某些通信路線上，還專門設置了簡陋的食宿點，稱為「羈（ㄐㄧ）」。信使們在這裡可以吃到食物，並短暫休息。

烽火帶來的情報

烽燧是古代一種重要的軍事防禦設施，同時也是中國古代的一種通信方式。烽燧通信最早見於殷商。周朝時，都城設在鎬京（今西安），從京城到邊境的重要通道上修築了很多烽火臺。每座烽火臺都堆滿了柴火和狼糞，如發生軍情，值守烽燧的士兵就會點燃柴火和狼糞，烽燧冒出的火光和狼煙直衝雲霄，人們在很遠的地方都能看見。當周圍的烽燧看到狼煙時，隨即也點燃烽火。就這樣，發生軍情的消息被不斷傳遞，住在京城裡的君主很快就能知道。

烽火戲諸侯

周幽王是中國歷史上有名的昏君，他有一個妃子叫做褒（ㄅㄠ）姒（ㄙˋ），自從褒姒來到宮中，就再也沒笑過。周幽王為了取悅褒姒，讓士兵點燃都城的烽火，謊報都城受到攻擊。都城周邊的諸侯看到烽火後，帶著士兵急忙趕來，沒想到竟然是個騙局。他們看到周幽王和褒姒在城門上哈哈大笑，鼻子都氣歪了，發誓再看到烽火絕不來救援。後來都城真的被犬戎攻破，周幽王也被殺害了。

烽燧通信

烽燧是古代的通信設施，當發生軍情時，士兵會點燃烽燧中的可燃物，以冒出的煙、火傳遞軍情和信息。古人把白天燃的煙叫燧，夜裡點的火叫烽。

紂王的烽火「妙計」

據成書於東晉的《拾遺記》記載，商紂王為吞併鄰國，命臣子飛廉前去搗亂，並約定以烽火作為信號，只要看到烽火，就是出兵的時機。當烽火點燃後，紂王準備好了兵馬。可當紂王準備進攻時，突然飛來了一隻神鳥。神鳥嘴裡銜著火炬，飛來飛去，混淆了烽火的光焰，使紂王分不清方向。無奈，紂王只好鳴金收兵，放棄了攻城。

周朝 輕車快馬好趕路

　　周朝建立後，很快完善了通信系統，為了方便通信和運送貢品，周王在鎬京與洛邑之間修了一條可以走九輛馬車的大道，被稱為「周道」。此外，還修了幾條通往諸侯國的通道。為保障賓客和信使的出行，周王還貼心地在大路上設置休息站，每隔十里就有一處，休息站不僅提供食物和其他補給，有的還提供住宿和浴室服務。

西周的郵遞員

天官冢宰，即太宰，是西周管理郵驛通信系統的大官。他手下有很多分管通信的官員，如負責日常通信的大行人、小行人、行夫等。行夫是專門負責管理信使和信件的官員，其手下負責具體的通信任務。這些信使被稱為「邊人」、「候人」、「徒遽（ㄐㄩˋ）」。其中，徒遽是步傳的一種，是步行送信的信使。

徒遽

天官冢宰

什麼是急傳？

如果需要傳遞緊急信息，也可以使用「輕車急傳」。輕車即傳遞信息的傳車，在道路上跑得很快。相傳西周建立後，周公被封到了魯國，姜太公被封到了齊國。姜太公到齊國臨淄後，要殺掉兩個不服統治的賢士，周公聽說後，從魯國乘急傳前去制止。所以「傳」的速度非常快，是當時最快速的通信和交通工具，只有緊急情況下才能使用。

馹（ㄖˋ）和單騎

到了春秋時代，出現了比傳車更快的馹和單騎。馹也是一種傳車，只不過比一般的傳車迅速。單騎就是騎兵。春秋後期，各諸侯國逐漸流行騎馬，騎馬送信成為當時傳遞信息最快的方式。

送信的單騎

傳遞軍情的鼓聲

春秋戰國

我們的祖先很早就開始使用聲音傳遞信息。堯曾設諫鼓，希望人民敲擊木鼓，向他提意見和建議。春秋戰國時期，鼓成為最常見的信息傳遞工具，經常被用於軍事。

楚厲王的失誤

楚厲王是春秋時期楚國的國君。他與百姓約定，如發生軍情，就以軍鼓為信，召喚大家前來防守城池。一天，楚厲王飲酒過量，不知不覺地拿起了鼓槌，對著軍鼓一通亂敲。城裡的百姓以為有敵人來攻城，急忙抄起農具前來守城，趕到時才發現是虛驚一場。清醒後的楚厲王趕忙向民眾進行解釋，百姓們聽後都很生氣，表示再也不相信鼓聲了。後來，真的發生了緊急情況，楚厲王又擊鼓示警，老百姓都以為楚厲王在鬧著玩兒，沒有一個前來守城。事後，楚厲王重申警報信號，百姓這才相信了他。

用鼓聲傳遞信號

用旗子傳遞信號

鳴金收兵

春秋時的軍事信號

春秋時期的軍事家孫武曾將鼓聲和旗作為信號。戰國時期的孫臏明確地將鼓聲和旗子作為軍事信號：夜晚發現敵情時，以敲擊軍鼓為信號，當士兵聽到鼓聲，就知道有敵來犯；白天，士兵則以旗子為信號。除了鼓，當時還用鐸、鉦等來配合發出號令，以此命令士兵前進和後退。

墨子的發明

古時候，人們還透過聲音來探取敵情。墨子是戰國時期著名的思想家、科學家和軍事家。他為了防止敵人挖地道，就命人在城內每隔五步挖一口井，燒造很多肚大口小的陶甕，並用皮革蒙住壇口放入井內，讓聽覺靈敏的人趴在甕口探聽來自地下的聲音，這樣就能判斷敵人隧道的方位了。這種聽聲偵測聲源的方法叫做「地聽」。

古人的「身分證」

春秋戰國時期，諸侯國之間為了方便傳遞信息，修了很多條驛道，同時也在沿途設置了各種關卡。如果你生活在戰國時期，要出使他國，身上沒有通行的憑證，那你可能會被抓起來。

鄂君啟節

出土於安徽省壽縣，是楚懷王發給楚國封君鄂君啟的水陸交通憑證。憑此節可以免交關稅，通行無阻。

王命傳任虎節

戰國時期的銅虎節。持此節的人身負王命，途經的傳舍要無償接待。

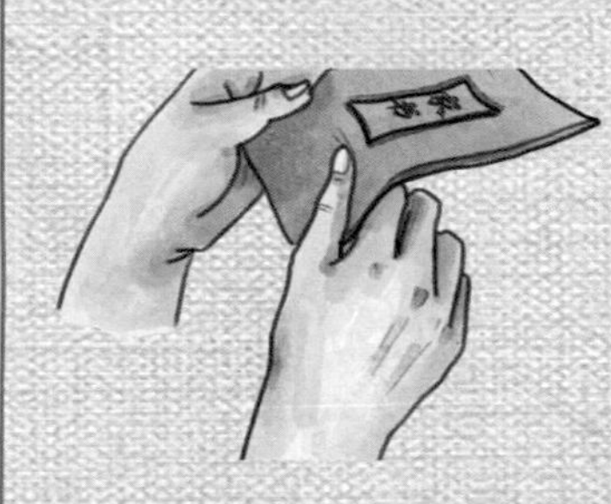

銅馬節

戰國時期文件傳遞的憑證。

出國的憑證

符節是古代信使、使節通信的信物和憑證，同時又是身分的證明，有點兒類似今天的身分證。春秋戰國時期，符節一般由君主和政府頒發，大多只頒發給信使、使節和商人。持符節的人不僅能在驛道上暢通無阻，沿途還能享受傳舍提供的免費食宿。戰國時期的符節有很多種，有虎節、龍節等。

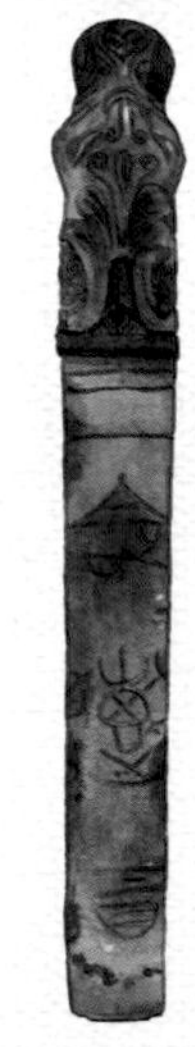

楚國銅龍節

出土於長沙，是楚國傳遞信息的憑證。持此節的人可以在傳舍得到免費的飲食。

大名鼎鼎的杜虎符

杜虎符是戰國晚期秦國的兵符，青銅材質，身長9.5公分，高4.4公分，背面有一凹槽，符面有錯金銘文9行40字。在當時，要調動50人以上的帶甲士兵，需要有另一半符相合才可以。但遇上烽火報警的緊急情況時，則不需要合符就能調動兵馬。

「竊符救趙」的故事

不僅通關時要用符，調兵遣將時也要用到符。軍事上調動軍隊的符叫兵符，一般會分鑄兩半，君主與將領各持一半。如果君主要調動兵馬，必須派使者持一半兵符前去合符。使者與將領的一半符相合後，就可以調動兵馬了。

信陵君是戰國時期魏國的公子。戰國末年，秦國逐漸壯大，四處挑起戰爭。一天，信陵君接到趙國平原君的求救信，原來，秦國軍隊包圍了趙國的國都邯鄲，平原君希望魏王能派兵救援。魏王因怕秦國報復，只將軍隊進發到鄴城附近，不敢靠近邯鄲。

信陵君聽說後十分著急，但又無法說服魏王。這時，信陵君的門客向他獻計，讓他說服魏王的寵妃如姬，盜出魏王的虎符。後來信陵君說服了如姬，如姬趁魏王熟睡時，盜出了虎符。信陵君拿到虎符後，取得了魏國軍權，率領八萬大軍攻擊秦軍。秦軍見魏國援軍趕到，急忙退軍，趙國因此得救。這就是信陵君「竊符救趙」的故事。

秦朝 文書傳遞的接力賽

秦始皇統一六國後，開始建設自己的帝國。他首先想到的就是拆掉六國遺留的關卡，徵調民眾為他修路。秦始皇先後開通了直通九原郡（位於今內蒙古地區）的直道和遍布全國的馳道，為了方便郵差休息，還在沿途設立驛站、郵亭、館舍及軍事設施。

統一的「郵」

為了方便管理全國通信系統，秦朝將「遽」、「馹」等舊有的不同稱呼都統一改為「郵」。從此「郵」成為通信系統的總稱，一直沿用到今天。

傳遞文書的新方法

秦朝的文書可以分為兩類：一類是緊急的公文，需要馬不停蹄，立即送達；另一類是普通文書，但也要求當天送出，不允許積壓延後，如果積壓或延誤會受到嚴厲的處罰。

為了使帝國的公文和書信能及時送達，人們開始用接力的方式送信。當文書送到郵亭或傳舍後，再由另一個信使送往下一站，文書就這樣被一站接一站地傳遞下去，速度大為提升。

信使選拔的標準

秦朝的信使也是精挑細選的，只有誠實可信、身體強壯的人才有機會成為信使。為此，秦朝專門制定了有關通信的法律。法律規定，老年人、身體虛弱及不誠實的人，不能做信使的傳遞工作。

私人信件的傳遞

黑夫的家信

秦朝時，並沒有出現為私人傳遞信件的機構，因此，私人的書信需要請專人送達，或請朋友捎帶。湖北雲夢縣發現的大批秦簡中就有兩封家書，這兩封家書是由秦國軍人黑夫和驚所寫，內容大致是向家中的兄弟和父母問好，述說兩人在軍中的情況，並希望家中能夠送些錢和衣服。因當時官郵只允許傳遞官方文書，不允許夾帶私人書信，因此，這兩封家書極有可能是由服役期滿的同鄉幫忙捎帶的。

兩個兄弟還活著。夏天到了，兄弟想要些夏衣和錢。

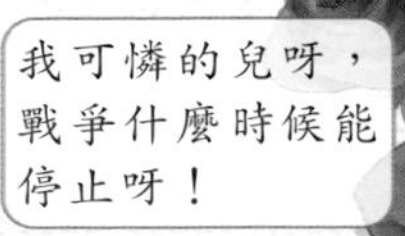

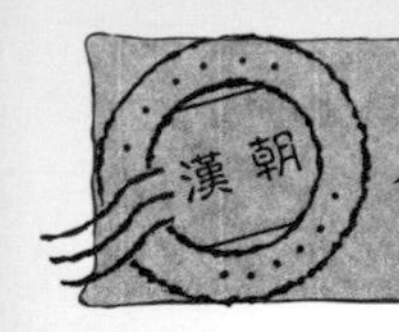

不斷演變的書信

西漢以前，中國還沒有紙，人們大多以簡牘和帛作為書寫材料。簡牘就是用竹子和木頭製成的寬窄均勻的竹條、木板，帛是絲絹一類的絲織品。和帛比起來，竹、木等材料更加容易獲取，成本也更低。因此，簡牘成為秦漢時期最常見的書寫材料，多用於書信。

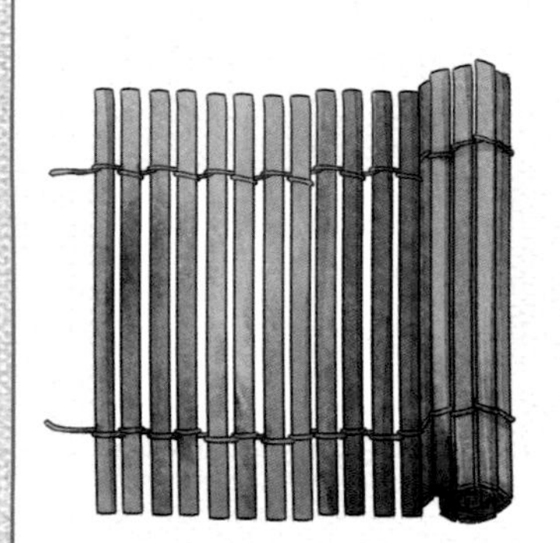

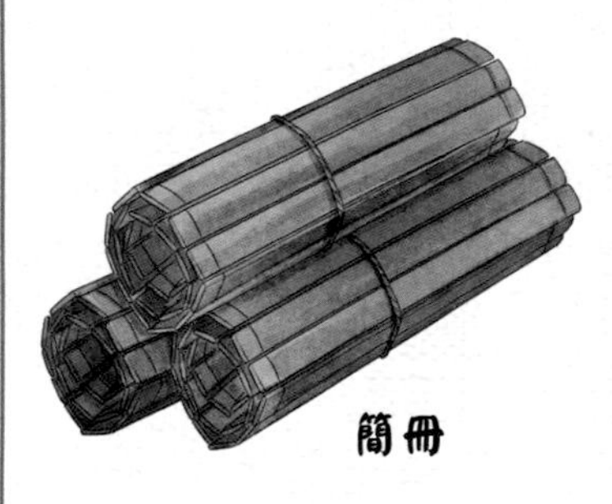

簡冊

簡

簡

簡為長條狀，一般能寫一至兩行文字。如果一根寫不下，可以將多根簡編聯成冊，這樣就可以書寫更多文字了。等編寫完畢後，還可以將其卷起來，就形成了一卷卷的簡冊。

牘

牘一般由木板製成，比簡要寬很多，可以寫三行以上的文字。牘的長度大約為漢尺的一尺，因此又叫「尺牘」。牘是漢朝書信中最常見的形式，不僅可以寫字，還可以在上面畫畫。除此之外，漢朝還有觚（ㄍㄨ）和檄（ㄒㄧˊ）等不同的文字傳遞載體。

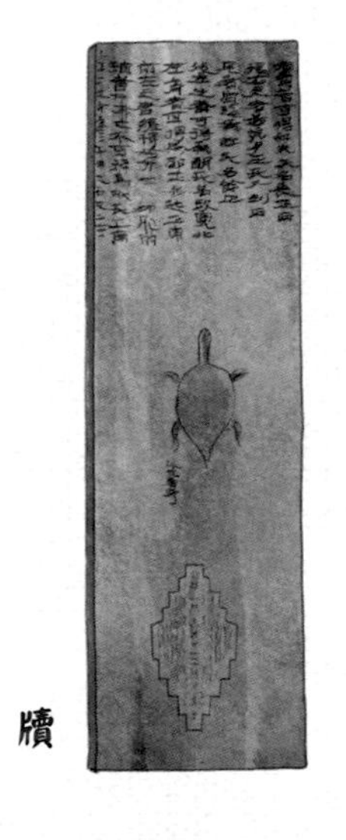

牘

製作簡牘

檄

檄是一種非常緊急的文書，一般是長二尺的簡。用檄傳遞特別緊急的命令時，還要插上羽毛，這也是最早的「雞毛信」。

觚

觚是一根寫滿文字的木棍，是一種多面體的簡牘，少則三面，多則六七面，一般用於傳達皇帝的政令，或是書寫重要的文書。

紙張的發明

早在西漢時，人們就已經發明了紙。考古工作者曾在甘肅發現了西漢時期的麻紙，這是迄今為止發現的最早的紙張。東漢時，有個叫蔡倫的宦官，他吸取前人的經驗，用樹皮、麻頭、漁網等材料造出了既輕便又好用的紙張。從此，紙張開始流行，並逐漸取代笨重的簡牘，成為便捷的書寫材料。

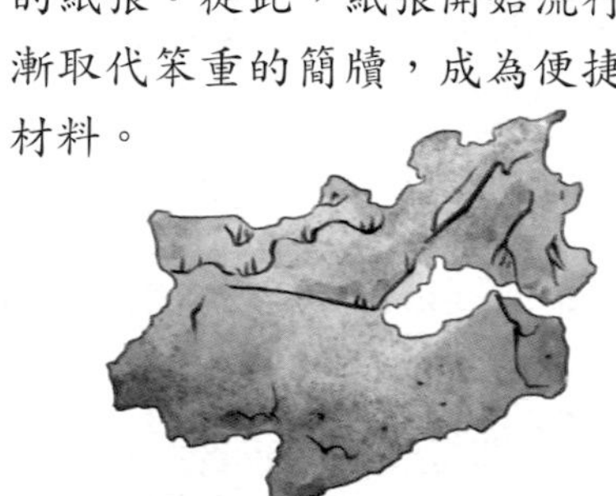

檢

檢是文書傳遞時緘封文書用的木簡，一般上面要寫文書傳遞的目的地等信息。檢上有封泥槽，用來填加封泥和纏繞繩子。檢的作用類似今天的信封。

防止洩密的好辦法

傳遞信件時，為了不使信件洩密，人們想了很多保密的辦法。比如，人們會將兩塊有內容的木牘對合，這樣牘的文字向裡，就不會被輕易看到。如果郵寄的是成冊的簡，就需要將簡冊卷起。最後在牘和簡冊外面放上封檢，繫上繩子，並在繩子打結處加上封泥，蓋上印章，這樣就可以放心地交給信使了。如果收到的信件封泥完好無損，說明信件沒有被打開過；如果封泥損壞，那麼信件的內容很可能已經外洩。

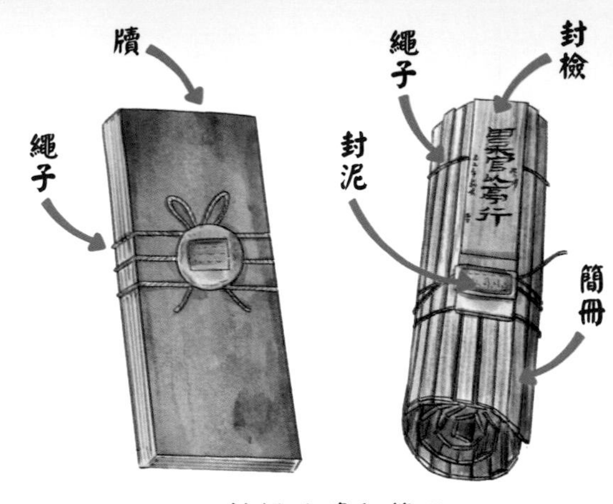

封好的牘和簡冊

生產紙張

唐朝 寫給女皇的信

武則天最早是唐太宗的才人，後來成為唐高宗的皇后。唐高宗駕崩後，武則天把持朝政，取代了兒子的皇位，成為中國歷史上唯一一位正統的女皇帝。

女皇的「意見箱」

武則天做了女皇後，迫切地想知道天下所有的事，於是聽取大臣的意見，設立了「匭（ㄍㄨㄟˇ）」。匭是種四四方方的匣子，內有四個格子，投入的文書只能進，不能出，有點兒像今天的意見箱。如果對朝廷有建議和意見，都可以寫成書信，投入匣中，回饋給女皇。為此，武則天還專門設置了管理意見箱的「匭使院」，並由知匭使來管理匭匣。

失敗的嘗試

武則天設置匭匣的用意很好，任何人都可以直接向她上報各種信息，但是，真正實施起來卻有很多限制。因為向匣子中投遞的書信要將副本報給知匭使審查，如果不交副本，也要登記姓名和住處，結果就使匭匣成為有名無實的擺設。

不同的投信孔

收集民間信息的匭匣被放置在一間屋子當中，它由銅鑄成，東、西、南、北方向各有一個投信孔。東面叫延恩匭，毛遂自薦的書信可投入此匣；西面叫申冤匭，陳述冤情的書信可投入此匣；南面叫招諫匭，對朝廷有建議和意見的信件可投入此匣；北面叫通元匭，對武則天歌功頌德的信件可投入此匣。

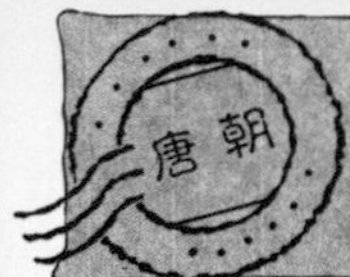

大唐的「報紙」

在網路還未普及時，讀報是我們了解新聞和資訊的主要方式。但你知道嗎？其實中國早在唐朝就已經有了「報紙」。

進奏院裡的文書

唐朝有個叫進奏院的通信部門，是地方設置在中央的聯絡機構，也就是駐京辦事處。他們表面上是將各地的情報傳遞給中央，實際上是將中央的情報匯集起來，匯報給藩鎮。他們用來傳遞信息的文書叫進奏院狀（奏疏的一種，一般是下屬向上級匯報事情的狀報）。

有學者認為，進奏院狀就是報紙的萌芽狀態，而現存的兩件唐朝進奏院狀分別被收藏在法國國家圖書館和英國國家圖書館。

中國的第一份報紙

唐朝的《開元雜報》被學者們認為是中國的第一份報紙。《開元雜報》由進奏院編輯，用雕版印刷，透過郵驛遞發到各地，內容主要是朝廷的有關要聞，包括軍事捷報、官員任免、朝會上發生的事件，以及皇帝的行蹤等。唐人孫樵在《讀〈開元雜報〉》中寫道，他曾看過數十份，其中記載的多是朝廷的政事，如某日皇帝親自耕田、某日宰相與百官爭論等新聞。不過在當時，這種報紙並不是誰都能看到的，只有少數官員才能讀到。

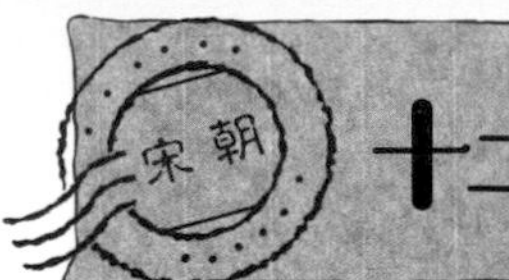

十二道金字牌

宋朝時，只有持有驛券的官員才能享受到驛站的各種服務，包括食宿和更換驛馬。

北宋時，有個叫李飛雄的騙子，他冒充使臣到驛站行騙，以買來的馬纓為憑證，成功騙到了驛馬。後來李飛雄意圖謀反，被朝廷抓獲。朝廷意識到換乘驛馬的漏洞，就取消了驛券，用銀牌代替。可能銀質的牌子比較珍貴，所以經常丟失，於是皇帝又廢除了銀牌，重新啟用了驛券。

傳遞緊急公文的檄牌

宋朝還有很多用於通信的符牌。其中，檄牌是朝廷傳遞緊急公文的通信憑證。有檄牌的文書最為緊要，不僅要與其他書信分開，還要立即傳送，不得延誤。宋朝的檄牌也分很多種，如金字牌、青字牌和紅字牌等。到南宋時，各種牌子層出不窮，十分混亂。

特別的金字牌

在眾多檄牌當中，金字牌是皇帝專用的通信檄牌，傳遞速度最快。其實金字牌並不是黃金製成的牌子，而是一種木質紅漆的牌子，大約長一尺，上面刻著「御前文字不得入鋪」八個金色大字。金字牌是傳達皇帝命令的標誌，因此金字牌的公文不得經手任何部門，而是直接由皇帝下發，由帶鈴鐺的急腳遞接力傳送，晝夜不停。

被金字牌召回的岳飛

金字牌一般只傳達重要的赦免文書和軍事要務。1141年，南宋軍隊在岳飛的率領下，接連戰勝金國軍隊，使南宋處於上風。但是，大奸臣秦檜為了促成金國與南宋議和，唆使宋高宗命岳飛退兵。昏庸的宋高宗一天內連發十二道金字牌，勒令岳飛退兵。岳飛無可奈何，只能班師回朝。同年，抗金英雄岳飛被秦檜以「莫須有」謀反罪名害死於獄中。

元朝

站戶是個苦差事

元朝是中國歷史上疆域最大的朝代，統治者為了管理龐大的國家，方便通信，在全國建立了四通八達的交通網，設置了大量驛站和遞鋪。

元朝的站赤

元朝的郵驛系統與宋朝有所不同，元朝的驛站被稱為「站赤」，不僅要招待沿途的官員和使者，同時也要負責傳遞重要的信息，如緊急公文、國家政令及戰事軍情，這類信息一般要派專門的信使騎快馬傳遞。

世代相傳的站戶

元朝時，統治者把各行各業的百姓分成「專業戶」：普通百姓叫「民戶」；有士兵的家庭叫「軍戶」；有工匠的家庭叫「匠戶」；而為驛站工作的百姓則被稱為「站戶」。一旦成為站戶，世代都要為驛站工作，不僅要從事繁重的體力勞動，還會受到過往官員的欺壓。一些站戶傾盡家產，賣兒賣女都難以生存，實在受不了艱苦的驛站生活，只能選擇逃往別處，過上背井離鄉的生活。

站戶不僅要為過往的官員提供飲食和客房，還要為他們提供各種交通工具。當時，除了常見的車、馬、牛、驢、駱駝外，哈爾濱地界的驛站還會提供驛狗，作為冰天雪地裡的交通工具。

海青牌

元朝專門傳遞緊急軍情、公務的特殊牌符。

異常艱辛的步遞

元朝普通書信多由急遞鋪傳遞，每十里、十五里、二十五里就有一間急遞鋪。元朝的急遞鋪並不像宋朝那樣分為步遞、馬遞和急腳遞，而是只有步遞。但步遞的傳遞速度並不慢，一晝夜就能跑四百多里。不同於宋朝時的士兵快遞員，元朝的快遞員雖然叫做「鋪兵」，但都是由貧苦百姓來充當的。

鋪兵執行任務時會在腰帶上繫上鈴鐺，手持長槍，帶上蓑衣和火把。他們晝夜不停，伴著身上的鈴聲，飛快地跑向下一站點。然而，元朝的快遞員們每月只有三斗口糧，每年只能預支六個月的口糧，日子過得非常艱苦。因此，鋪兵難以生存時，也會選擇逃亡。

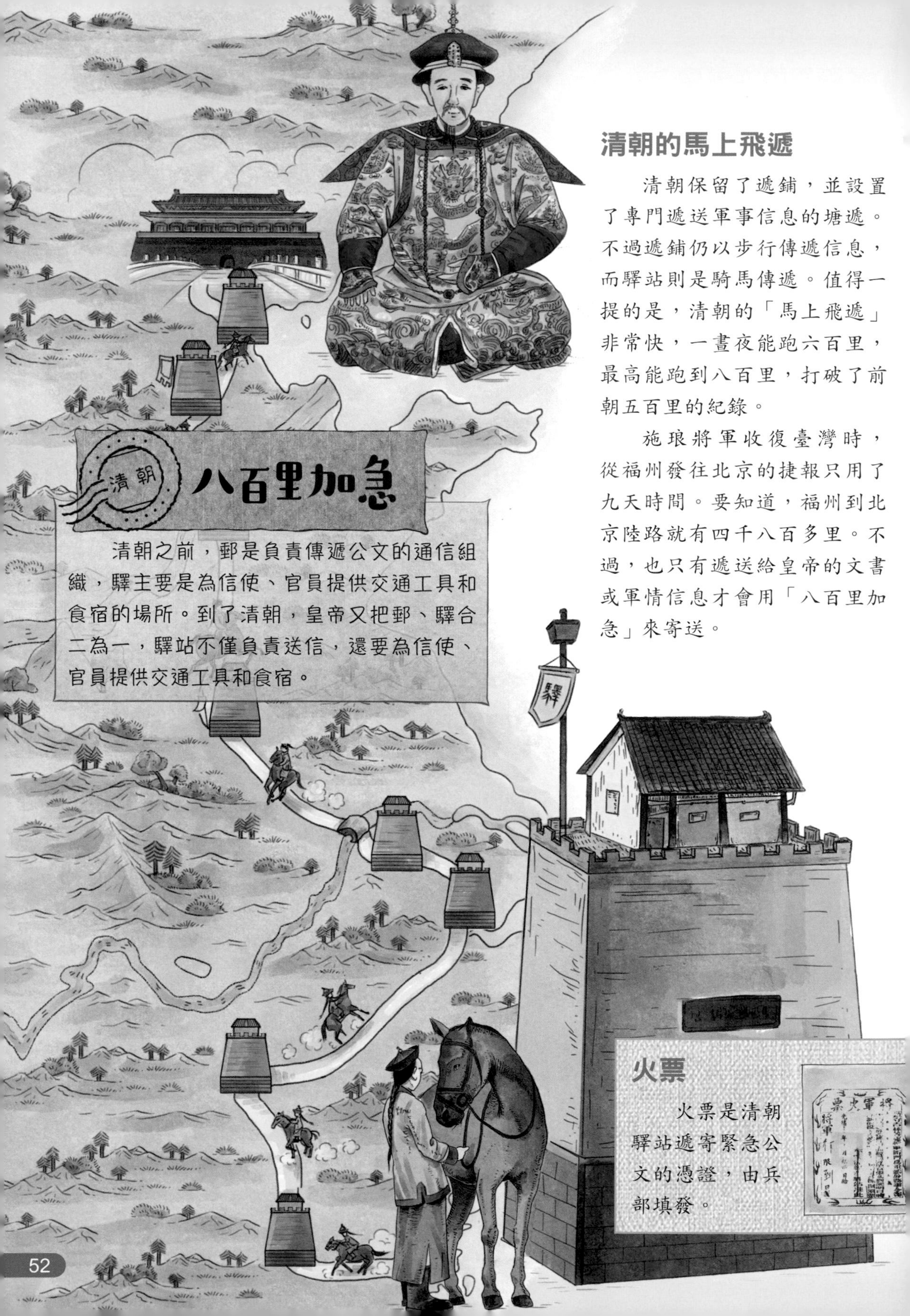

清朝 八百里加急

清朝之前，郵是負責傳遞公文的通信組織，驛主要是為信使、官員提供交通工具和食宿的場所。到了清朝，皇帝又把郵、驛合二為一，驛站不僅負責送信，還要為信使、官員提供交通工具和食宿。

清朝的馬上飛遞

清朝保留了遞鋪，並設置了專門遞送軍事信息的塘遞。不過遞鋪仍以步行傳遞信息，而驛站則是騎馬傳遞。值得一提的是，清朝的「馬上飛遞」非常快，一晝夜能跑六百里，最高能跑到八百里，打破了前朝五百里的紀錄。

施琅將軍收復臺灣時，從福州發往北京的捷報只用了九天時間。要知道，福州到北京陸路就有四千八百多里。不過，也只有遞送給皇帝的文書或軍情信息才會用「八百里加急」來寄送。

火票

火票是清朝驛站遞寄緊急公文的憑證，由兵部填發。

怎樣給皇帝寫信

清朝之前，寫給皇帝的書信叫題本、奏本。清朝時，又多了一種奏摺。大臣們有什麼話要對皇帝說，只要寫封奏摺，遞送到奏事處，皇帝很快就能收到信件。

奏摺的起源

據說奏摺起源於康熙時期，當時只有一定品級的官員才有權使用。後來，皇帝擴大了使用範圍，很多官員都有使用奏摺的權利。到光緒時期，光緒皇帝取消了題本，寫給皇帝的信件都要使用奏摺。從此，奏摺成為上奏皇帝的唯一文書。

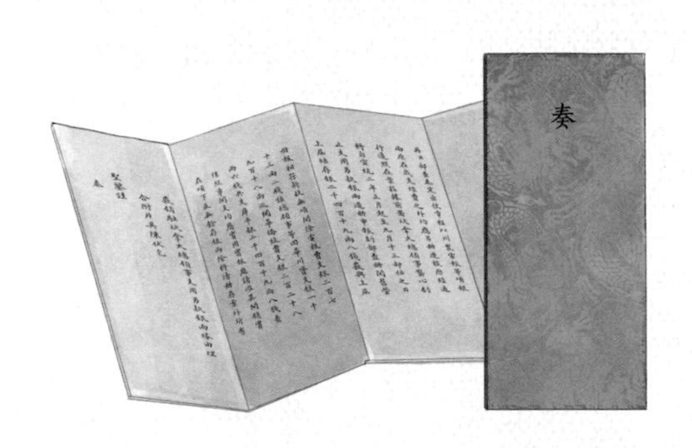

奏請聖安

奏摺也有分類，大體分為「奏事摺」、「慶賀摺」和「請安摺」。奏事摺是大臣向皇帝上報政務的奏摺，慶賀摺是年節大臣向皇帝表示慶賀的奏摺，請安摺則是大臣向皇帝問好的奏摺。雍正時期，杭州織造孫文成就曾頻繁寫請安摺，每個奏摺中最常見的就是「奏請聖安」四個字，意思是「皇上您好嗎？」。看到奏摺的雍正皇帝也會回復「朕安」兩個字，意思是「朕很好！」。據統計，孫文成請安的奏摺有幾十封，請安的奏摺寫得多了，皇帝也會厭煩。

皇帝的回復

皇帝看過奏摺後，如果認為需要回復，會用朱紅色的筆寫上批語，這種批語就叫「朱批」。清朝皇帝批閱奏摺最常用的批語就是「知道了」。

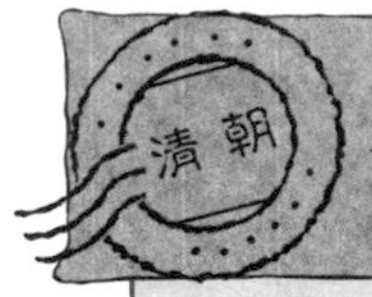

從此有了郵局

晚清時，清廷的麻煩不斷，郵驛也已經衰落。帝國主義列強恃強凌弱，經常侵犯中國主權，為自己謀取更多利益。1834年，英國在中國廣州開辦了第一家郵局，專為走私鴉片的英國商人服務。這不僅侵犯了中國的主權，更毒害了中國百姓。

設立大清郵政

1866年，朝廷准許中國海關試辦郵政，不僅遞送各國使館及海關的書信文件，也捎帶遞送普通人的信件。後來，一些大臣認為郵政應該脫離海關，由國家設立。在李鴻章、張之洞等洋務派大臣的呼籲下，光緒皇帝終於同意設立大清郵政。

清代信箱

大清郵政的業務

1897年2月20日，「大清郵政」正式成立，全國的海關郵局也正式改稱大清郵局。當時的郵局業務非常廣泛，不僅收寄信件、包裹，售賣報紙、書刊，還兼辦匯款等業務。大清郵政收寄的信件分很多種，比如今天我們常見的平信、防止丟失的掛號信，以及印有圖案的明信片。另外還有一種「雙掛號」的信件，是一種可以有簽收回執的掛號信：當收件人收到信件後，需在回執上簽字，郵局再將回執交回寄件人，這樣就能證明收件人收到了信件。

清朝的郵政設立後，城市中不僅有大小分局，還設了很多信箱和信筒，方便人們寄信。人們的通信終於方便起來。

中國第一套郵票——大龍郵票

1840年，英國發行了世界上第一枚郵票。1878年8月，中國海關郵政發行了中國第一套郵票——大龍郵票。據推測，這套郵票由外國人設計，把象徵中國的龍畫在郵票上，全套為黃、紅、綠三種，面值分別為銀5分、3分和1分。

大龍郵票

中國第一套紀念郵票

1894年11月19日，海關郵政為了討好慈禧，特意發行了慈禧壽辰紀念郵票，全套共九種，票面繪有寓意吉祥的圖案。這是中國第一套紀念郵票。

慈禧壽辰紀念郵票

小龍郵票

1885年11月25日，海關郵政又發行了中國第二套郵票——小龍郵票，全套一共三種。

小龍郵票

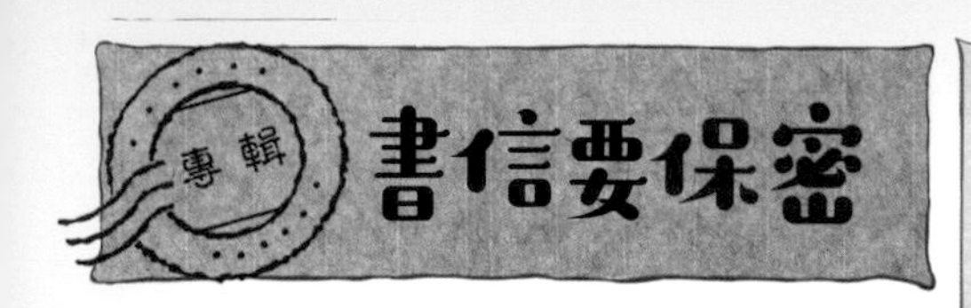

在任何時候，書信的內容都是隱私，除寄信人和收信人之外，任何人都不能偷看。在古代，人們傳遞書信時十分注重保密，特別是在傳遞軍情等重要信息時。為此，古人想出了很多保密的方法。

加印封泥

在很早的時候，人們就制定了相關法律，不僅規定了遞送的時限，也規定了對偷窺信件的懲罰。秦漢時期，人們將公文寫在竹簡上。為了防止他人偷窺，發信時就在竹簡上加印封泥，只要封泥完好，就證明信件沒有被打開。

在傳遞軍事方面的信息時，古人更加注重保密，因為一旦洩密可能直接影響戰局。所以，古人傳遞軍事信息時用到了很多奇怪的方法。

礬書

礬書是用礬水書寫的密信。礬是金屬硫酸鹽的含水結晶，用礬水在白紙上寫字，晾乾後看不到任何痕跡。收信人將白紙弄濕，或用墨汁塗抹，紙上就會顯現發信人所寫的字跡。

蠟書

在宋朝的軍事通信方法中，除了用烽火和飛鴿傳遞軍情外，還有蠟書。蠟書其實是將書信密封在蠟丸裡，這樣不僅能防止洩密，還能起到防水的作用。北宋的軍隊在與西夏作戰時，就曾將一枚棗和一張畫著烏龜的紙做成蠟書。「棗」代表「早」字，而「龜」則代表「歸」字，這封信合起來就是「早點歸來」的意思。

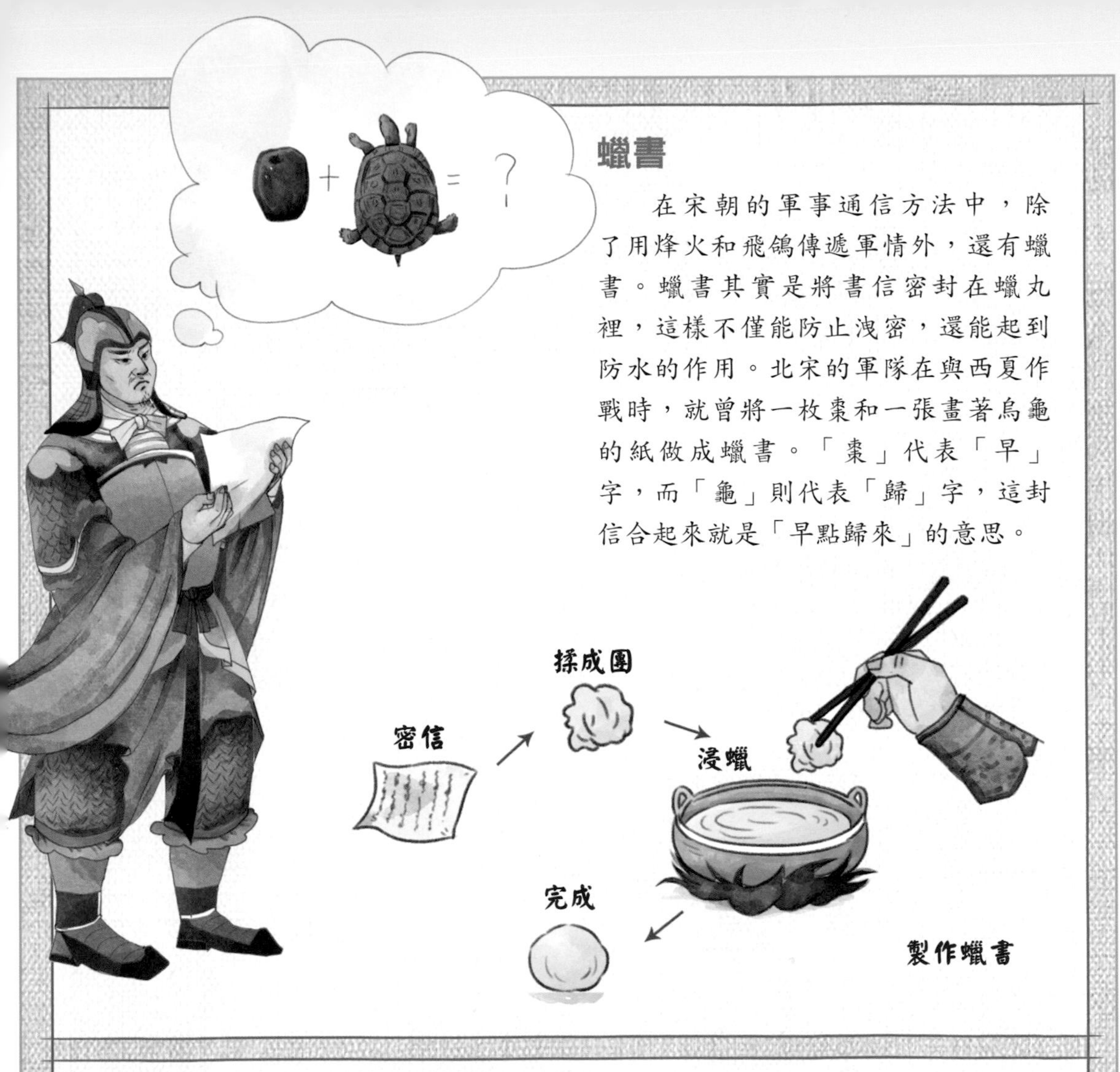

製作蠟書

傳信牌

宋朝軍隊作戰時，還會用到一種傳信牌，這種牌子可以分成兩半，分別由兩個部隊的長官掌管。傳遞命令時可以將書信放入牌子當中，當另一人收到信後需要將兩塊牌子相合，驗明真假。只有兩塊牌子相合，才能證明傳遞的命令是真的。除了用信牌傳遞命令，當時還有「字驗」、「色遞」、「物遞」等方法。

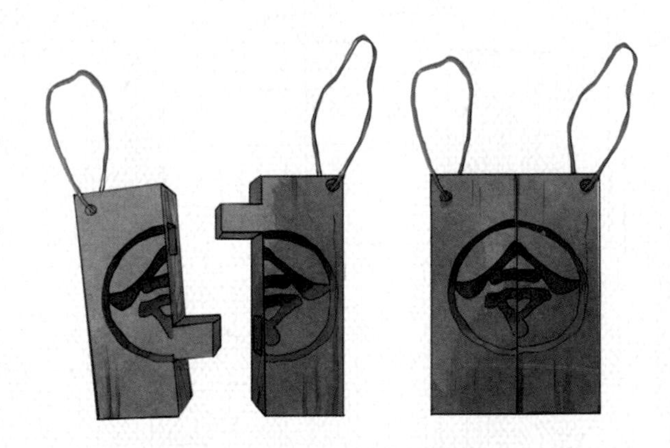

根據史書描述繪製的傳信牌

字驗

軍隊提前編寫好暗號，並以一個漢字來代表一條暗號。如軍隊需要弓箭時就會讓通信兵傳遞一個字的命令，收到命令的軍隊核對相應的暗號，就知道對方需要哪種兵器了。

色遞

色遞是以顏色作為暗號。如青色代表部隊的番號，紅色是申請某種兵器，青色和紅色加起來就能表示某部隊申請某種物品。

物遞

物遞是以某個物品作為暗號。如傳送一支箭，就代表需要一百名士兵，傳來一張弓就代表需要一千名士兵。

皇帝的匣子

清朝皇帝也非常注重信息的保密。大臣上書的奏摺涉及很多機密，皇帝為了不使奏摺的內容洩密，專門製作了一種帶鎖的匣子。皇帝和大臣各留一把鑰匙，大臣們上書時要將奏摺裝進匣子才能傳遞。

除了奏摺要放到匣子裡，皇帝傳位的詔書也會放到一個匣子裡，並藏到乾清宮「正大光明」匾後。等到皇帝去世後，大臣們才能取下傳位詔書，打開詔書才會知道誰是下一任皇帝。

奏摺匣

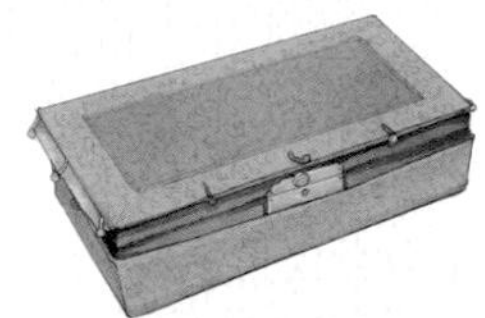

祕密建儲匣

改變通信的科技

1837 年，一個叫塞繆爾·摩斯的畫家製造了世界上第一台電報機。電報機也是第一個用電來傳遞信息的設備。電報機的出現使遠距離瞬間傳遞信息成為現實，人們再也不用透過各種交通工具來送信，只要發一份電報，頃刻間對方就能收到信息。

塞繆爾·摩斯

電報傳入中國

清末時，電報機傳入中國，列強要求在中國架設電報線路，但清政府中的頑固派對新生事物持反對態度。從1868年開始，上海租界的洋行和外國電信公司擅自架設線路，設立電報，電報機通信技術才真正傳入了中國。

摩斯人工電報機

自辦電報

電滬報局

與此同時，洋務派也認識到電報通信的便捷，便開始向朝廷申請自辦電報，朝廷權衡之後同意了這個請求。1877年，福建巡撫丁日昌在臺灣架設了中國第一條電報線路。此後，李鴻章又在上海和天津設立電報線，還將電報應用到了軍事通信中。

不久後，更多的人認識到電報的方便快捷，電報開始在中國遍地開花。人們只要將信的內容交到電報局，電報員嘀嘀嗒嗒地操作一通，信息就會傳到遠方。直到清朝覆滅之前，中國各種電報局共計394處，電報線路超過了9萬里。

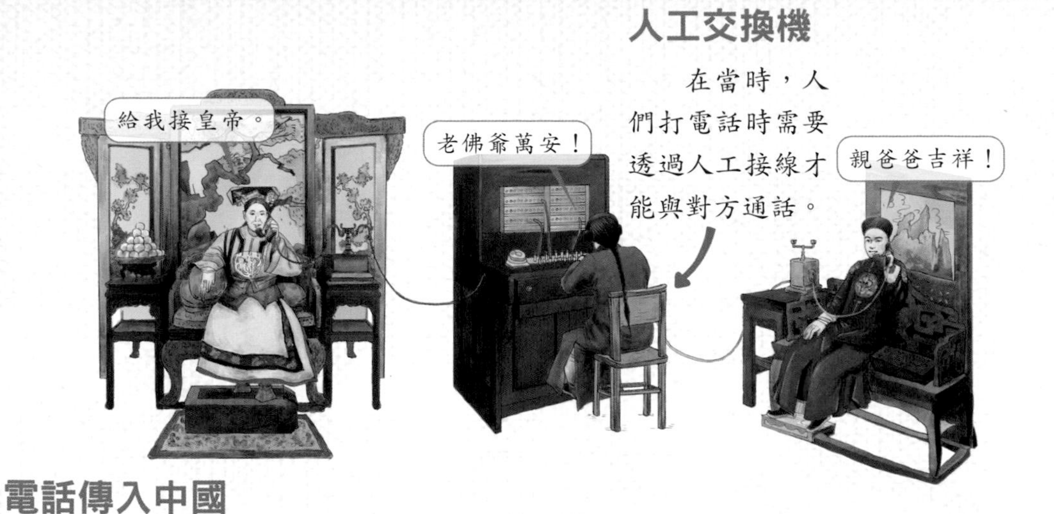

電話傳入中國

電報傳入中國不久，有線電話也傳入了中國。電話是西方人發明的一種新型通話技術，只要接通對方線路，不論多遠雙方都能進行通話。1877年，中國第一部電話出現在上海，後來，外國公司在上海設立電話局，越來越多的人開始使用電話，就連慈禧太后也開通了電話專線。住在頤和園的慈禧太后為了方便與外務部聯繫，就在外務部與頤和園之間修了一條皇家專線。另外，慈禧太后為了方便指揮光緒皇帝，還在頤和園與中南海之間設立了光緒皇帝專線。

誰發明了電話？

電話是19世紀最重要的發明之一，但誰是世界上第一部電話的發明者呢？大多數人認為是亞歷山大・貝爾，他不僅擁有電話專利權，還創建了貝爾電話公司。不過也有觀點認為以利沙・格雷才是電話的發明者，因為在貝爾為電話申請專利的同時，格雷也提出了專利申請，後來二人還因電話發明專利權鬧到了法庭。另外，還有觀點認為義大利人安東尼奧・穆齊才是電話的發明人，因為穆齊申請電話專利的時間要比貝爾和格雷早很多年。

首席顧問

馮天瑜 | 中國教育部社會科學委員會委員、武漢大學人文社會科學資深教授、中國文化史學家

學術指導

燕海鳴 | 中國文化遺產研究院副研究員、中國古蹟遺址保護協會祕書處主任

劉滌宇 | 同濟大學建築系副教授

范佳翎 | 首都師範大學歷史學院考古學與博物館學系講師

陳詩宇 | @揚眉劍舞 《國家寶藏》服飾顧問、知名服飾史研究學者

朱興發 | 北大附中石景山學校歷史教師

閱讀推廣大使

張鵬 | 朋朋哥哥、青少年博物館教育專家

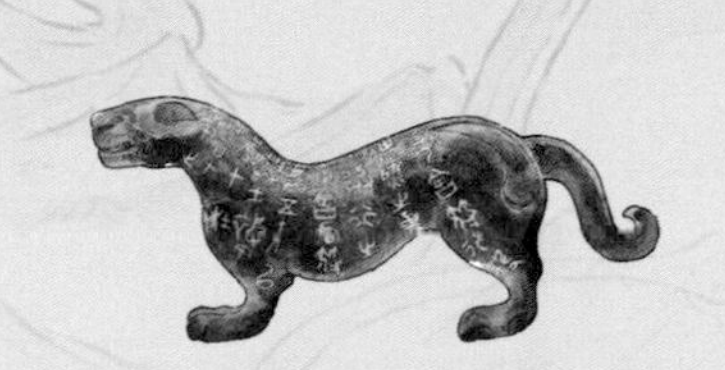

米萊童書

米萊童書是由多位資深童書編輯、插畫家組成的原創童書研發平臺，該團隊曾多次獲得「中國好書」、「桂冠童書」、「出版原動力」等大獎，是中國新聞出版業科技與標準重點實驗室（跨領域綜合方向）公布的「中國青少年科普內容研發與推廣基地」。致力於在傳統童書的基礎上，對閱讀產品進行內容與形式的升級迭代，開發一流的原創童書作品，使其更加符合青少年的閱讀需求與學習需求。

原創團隊

策劃人：劉潤東、王丹

創作編輯：劉彥朋

繪畫組：石子兒、楊靜、翁衛、徐燁

美術設計：劉雅寧、張立佳、孔繁國

國家圖書館出版品預行編目資料

圖解中國史—通訊的故事—／米萊童書著. -- 初版. -- 臺北市：臺灣東販股份有限公司, 2022.06-
64面；17×23.5公分
ISBN 978-626-329-229-1（精裝）

1.CST：通訊工程 2.CST：中國史
3.CST：通俗史話

448.7 111005733

圖解中國史
—通訊的故事—

2022年6月1日初版第一刷發行

著、繪者　米萊童書
主　　編　陳其衍
美術編輯　竇元玉
發 行 人　南部裕
發 行 所　台灣東販股份有限公司
　　　　　＜地址＞台北市南京東路4段130號2F-1
　　　　　＜電話＞(02)2577-8878
　　　　　＜傳真＞(02)2577-8896
　　　　　＜網址＞www.tohan.com.tw
郵撥帳號　1405049-4
法律顧問　蕭雄淋律師
總 經 銷　聯合發行股份有限公司
　　　　　＜電話＞(02)2917-8022